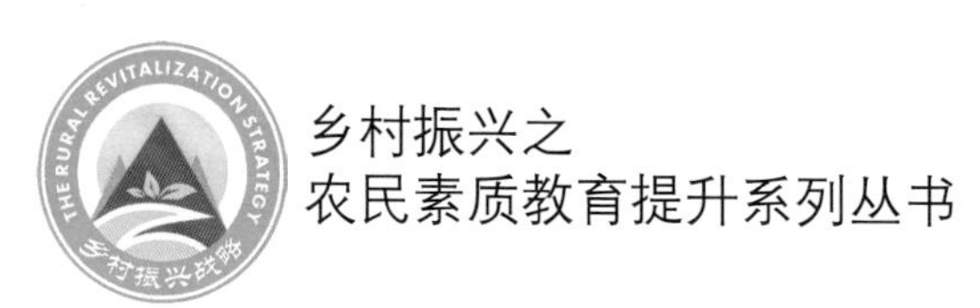

大豆生产技术及病虫害防治图谱

◎ 戴思远　王树义　主编

中国农业科学技术出版社

图书在版编目（CIP）数据

大豆生产技术及病虫害防治图谱 / 戴思远，王树义主编. —北京：中国农业科学技术出版社，2020. 1

（乡村振兴之农民素质教育提升系列丛书）

ISBN 978-7-5116-4568-5

Ⅰ. ①大… Ⅱ. ①戴… ②王… Ⅲ. 大豆—栽培技术—图谱 ②大豆—病虫害防治—图谱 Ⅳ. ①S565.1-64 ②S435.651-64

中国版本图书馆 CIP 数据核字（2019）第 279060 号

责任编辑 徐　毅
责任校对 李向荣

出 版 者 中国农业科学技术出版社
北京市中关村南大街12号　　邮编：100081
电　　话 （010）82106636（编辑室）（010）82109702（发行部）
（010）82109709（读者服务部）
传　　真 （010）82106631
网　　址 http: // www.castp.cn
经 销 者 全国各地新华书店
印 刷 者 固安县京平诚乾印刷有限公司
开　　本 880mm×1 230mm　1/32
印　　张 3
字　　数 100千字
版　　次 2020年1月第1版　　2020年1月第1次印刷
定　　价 26.80元

《大豆生产技术及病虫害防治图谱》

编委会

主　编　戴思远　王树义

副主编　申　阳　唐　玮　蔡大勇

编　委　殷　曼　姬　攀　周相平

魏　华　梁莉莉

PREFACE 前　言

大豆是人类重要的粮食作物之一，是具有高营养价值、高生理活性和广泛工业用途的宝贵农业资源。大豆籽粒蛋白质含量约40%，含油量20%左右，含有人体必需的8种氨基酸、亚油酸以及维生素A、维生素D等营养物质，是唯一能替代动物性食品的植物产品。豆油是品质较好的植物油，且不含对人体有害的芥酸，有防止血管硬化的功效。大豆饼（粕）及秸秆是畜禽的蛋白质饲料的来源。同时大豆根瘤菌具有固定空气中氮素的作用，是良好的用地养地作物，所以，大豆在国民经济和人民生活中占有重要地位。近年来，我国大豆需求量不断上升，大豆进口数量持续增加。2017年我国进口大豆9 556万t，价值2 769.8亿元，与2016年相比，同比增长了13.9%，大豆进口量急剧增加。改变我国大豆极度依赖进口的局面，重中之重就是提升我国自身供给大豆的能力，想尽一切办法提高我国大豆产量，尽可能地减少进口量。国家已出台相关扶持政策，将促进大豆种植面积的合理增加、种植技术的提升和产量提高。

本书以大豆高产高效种植技术为主线，以图谱的形式介绍了大豆病虫害防治方法和措施，图文并茂，通俗易懂，是新型农业经营主体、新型职业农民以及从事大豆生产经营管理的农技人员的参阅资料。由于水平有限，时间仓促，有不当之处，敬请批评指正。

编者

2019年9月

CONTENTS 目录

第一章
大豆生物学特征

第一节　大豆种子结构

一、大豆种子基本结构

大豆种子结构，见图1-1。

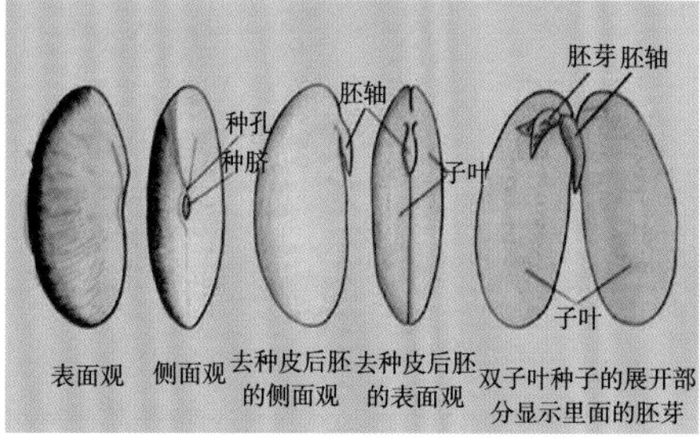

图1-1　大豆种子结构

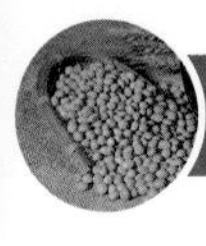

二、大豆品种类型

大豆品种类型繁多。按植物学特性，可将大豆分为野生种、半栽培种和栽培种3类。按其播种季节的不同，可分为春大豆、夏大豆、秋大豆和冬大豆4类。按种皮的颜色分五类：黄大豆、青大豆、黑大豆、其他色大豆（种皮为绿色、棕色、赤色等单一颜色大豆）、饲料豆（秣食豆）。按粒形分有圆粒形、椭圆形、长粒形、卵圆形、肾脏形等（图1-2）。

黄色大豆　青色大豆　黑色大豆

棕色大豆　绿色大豆　赤色大豆

图1-2　不同类型的大豆

第二节　大豆植株特性

大豆属一年生草本植物，茎秆粗壮，直立或蔓生，植株高度30～120cm，节间小于5cm，表明生长健壮。单株平均节间长度达5cm，是倒伏的临界长度。一般花期6—7月，果期7—9月（图1-3）。

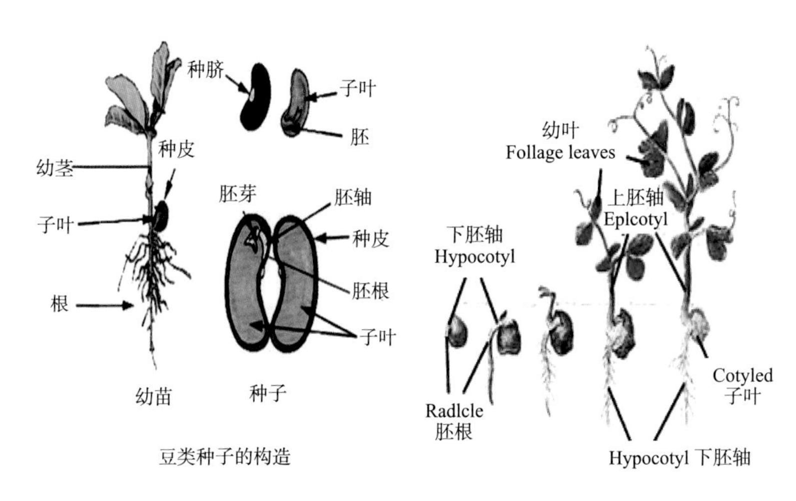

图1-3 大豆苗期形态特征

一、大豆的根

大豆的根属直根系，由主根、侧根、不定根组成，主根入土可深达1m左右，但80%以上根系分布在5～20cm的土壤耕层中。在近地表茎基部，可发生须状不定根，中耕培土能促进不定根的增多；大豆主根和侧根上生有许多根瘤。根瘤中有许多的根瘤菌，在大豆幼苗期，受根系分泌物的影响，从根毛侵入根部，刺激细胞分裂而形成根瘤；根瘤具有固定空气中的游离氮素的作用。出苗两周后开始固氮，到开花期迅速增加，接近成熟时固氮能力下降（图1-4）。

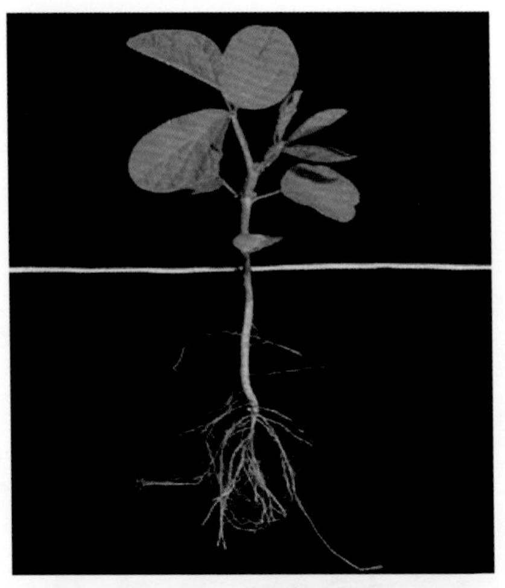

图1–4　大豆的根及根瘤

二、大豆的茎与分枝

大豆茎上由节、节间两部分组成，大田种植栽培一般主茎有节、节间14～20个，茎高一般30～100cm，高产大豆主茎高度

90～100cm。大豆主茎基部节的腋芽常分化为分枝，多者达10个以上，少者1～2个分枝或不分枝。分枝随种植密度增加而减少，主茎上分枝的多少与品种、环境、栽培水平、土壤肥力等条件有密切关系。主茎高度还与开花习性相关，有限结荚习性品种植株矮壮，无限结荚习性品种植株高大。大豆幼茎有紫、绿两种颜色，多有短茸毛（图1-5）。

图1-5　成熟期大豆的植株茎秆与分枝

三、大豆的叶片

大豆叶的类型可分为子叶、单叶和复叶。子叶两片，富含养分。子叶出土前为黄色或绿色，出土后经阳光照射变为绿色，能进行光合作用。子叶展开后2～3d即长出两片对生真叶，从第二节以上几乎全部是由3个小叶片组成的复叶。每一复叶由托叶、叶柄、小叶组成。研究表明，大豆光合速率与小叶厚度、单位面积叶片干重的相关性极显著，这两个性状可以作为选育高光效大豆品种的间接根据（图1-6）。

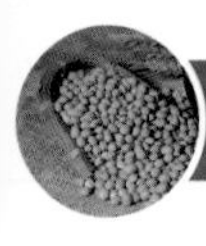

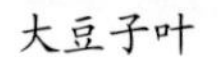

大豆子叶

大豆叶片中的单叶

大豆叶片中的复叶

图1-6　大豆的叶片类型

四、大豆的花及花序

大豆的花序属总状花序，每个花序可分化5～20朵花，花为蝶形花。花序着生于叶腋间或植株顶部。花朵簇生在花柄上，每个花序一般可结有效荚果1～8个。大豆的花多为白色或紫色，大豆生理性落花落荚率较高，一般达30%～40%。大豆分有限花序、亚有限花序、无限花序3类种类型，其特点是花轴不分枝，较长，自下而上在叶腋间依次着生有柄小花，各小花花柄等长，开花顺序由下而上。大豆花瓣颜色与茎秆颜色有关，一般紫茎开紫花，绿茎开白花（图1-7）。

蝶形花

总状花序

图1-7　大豆的花及花序

五、果实及籽粒

大豆果实属荚果，每荚果内有籽粒1～5粒不等，籽粒上种脐明显，形状有椭圆形、近球形、卵圆形至长圆形。种皮光滑，有黄色、淡绿色、绿色、褐色、红色、紫色和黑色等多样，因品种而异（图1-8）。

黄大豆　青大豆

黑大豆　赤色大豆

图1-8　大豆种皮颜色

第二章 大豆的种类划分及品种特性

第一节 大豆的种类划分

我国大豆种类繁多，是世界上最丰富的国家，主要的分类方式有以下几种。

一、按株形、结荚习性、种皮颜色、种粒形状、播种季节和用途划分

按株形分：蔓生型、丛生型、立扇型、地桩型4类。

按结荚习性分：有限结荚习性、无限结荚习性和亚有限结荚习性。

按种皮颜色分：黄、青、黑、褐等。

按种粒形状分：圆形、椭圆形、扁圆形、长椭圆形、肾形。

按播种季节分：春播、夏播、秋播、冬播大豆。

按大豆用途分：油用、食用、饲用、绿肥用等。

二、按大豆颜色和粒型划分

大豆一般根据种子种皮颜色和粒型分为5类：黄大豆、青大豆、黑大豆、其他大豆和饲料豆。

黄大豆：黄大豆是大豆中种植最广泛的品种，大豆种皮为黄色。黄大豆具有宽中导泄，健脾利水，解毒消肿等功效。黄大豆常用来做各种豆制品、酿造酱油和提取蛋白质；豆渣或磨成粗粉也常用于禽畜饲料。

青大豆：青大豆是种皮为青绿色的大豆，按照其子叶的颜色，可分为青皮青仁大豆和绿皮黄仁大豆两种。青大豆富含不饱和脂肪酸和大豆磷脂，富含皂角苷、蛋白酶抑制剂、异黄酮、钼、硒等抗癌成分，富含蛋白质和纤维，它也是人体摄取维生素A、维生素C和维生素K以及维生素B的主要来源食物之一。青大豆可以为人体提供儿茶素以及表儿茶素两种类黄酮抗氧化剂，这两种物质能够有效预防自由基引起的疾病，延缓身体衰老速度以及消炎抗菌的作用。

黑大豆：又名黑豆，味甘性平。黑大豆为豆科植物，具有高蛋白、低热量的特性，外表皮黑色，里面黄色或绿色。

其他大豆：种皮为褐色、棕色、赤色等单一颜色的大豆。

饲料豆：一般子粒较小，呈扁长椭圆形，两片叶子上有凹陷圆点，种皮略有光泽或无光泽。

三、大豆颗粒大小生态类型的地理分布

1. 我国东北大豆主产区

东北东部地区的平川地带，一般品种的百粒重在18～22g，东北西部干旱盐碱地区种植的品种，百粒重多在13～16g。如果西部

地区有灌溉条件或者在水分充足的河沿地块上，也可以种植大粒的品种。

2. 我国陕晋北部黄土高原地区

此区干旱贫瘠，是我国比较集中的小粒春大豆产区，百粒重在6~12g。

3. 我国黄淮平原地区

为我国重要夏大豆产区，此区适应中粒和中大粒品种，百粒重在10~25g。

4. 我国长江流域地区

大豆种粒大小变化的幅度较大，一般大面积种植的夏大豆百粒重多在12~27g。据统计，淮河以南的大豆品种，百粒重24g以上的占12%；18~24g的占28%；12~18g之间的占47%；6~12g的占3%。

四、大豆营养价值的生态地理分布

一般来讲，随着纬度的升高，大豆含油量逐渐增加，而蛋白质含量逐渐少。据分析，东北春大豆平均含油量>南方夏大豆平均含油量>秋大豆平均含油量。

东北大豆主产地区：油分含量19%~22%，蛋白质含量37%~41%。

黄淮平原大豆产区：油分含量17%~18%，蛋白质含量40%~42%。

长江流域大豆产区：油分含量16%~17%，蛋白质含量44%~45%。

第二节　几种主要大豆品种及特征特性

一、中黄37

品种来源：中黄37是中国农业科学院作物科学研究所以95B020×早熟18选育的大豆种子。2015年通过国家大豆品种审定，审定编号：国审豆2015007。

特征特性：普通型夏大豆品种，黄淮海夏播生育期平均105d，与对照邯豆5号熟期相当。株型收敛，有限结荚习性。株高74.1cm，主茎14.8节，有效分枝2.7个，底荚高度12.7cm，单株有效荚数39.0个，单株粒数75.8粒，单株粒重20.0g，百粒重27.4g。卵圆叶，白花，灰毛，粒籽椭圆型，种皮黄色、无光，种脐褐色。接种鉴定，抗花叶病毒3号株系，中抗花叶病毒7号株系，高感胞囊线虫病1号生理小种。籽粒粗蛋白含量42.6%，粗脂肪含量20.11%（图2-1）。

图2-1　中黄37

产量表现：2012—2013年参加黄淮海夏大豆中组品种区域试验，两年平均亩产211.5kg，比对照增产3.35%。2014年生产试验，平均亩产211.9kg，对比照邯豆5号增产9.98%。

栽培要点：（1）一般6月中下旬播种，条播行距40～50cm。（2）亩种植密度，高肥力地块12 000～13 000株，中等肥力地块14 000～15 000株，底肥力地 块16 000～18 000株。亩施腐熟有机肥2 000～3 000kg，氮磷钾三元 复合肥15kg或磷酸二胺10kg作基肥，初花期亩追施氮磷钾 三元复合肥10kg。

适宜地区：该品种符合国家大豆品种审定标准，通过审定，适宜山西南部，河南中部、北部，河北南部，山东中部，陕西关中地区夏播种植。

二、郑196

品种来源：河南省农业科学院经济作物研究所，用品种郑100×郑93048选育而成的大豆品种，审定编号：2008008。

特征特性：该品种平均生育期105d，株高74.7cm，卵圆叶，紫花，灰毛，有限结荚习性，株型收敛，主茎15.3节，有效分枝2.8个。单株有效荚数47.3个，单株粒数87.5粒，单株粒重15.0g，百粒重17.4g，籽粒圆形、黄色、微光、浅褐色脐。接种鉴定，抗花叶病毒病SC3株系，中感SC7株系；中感大豆孢囊线虫病1号生理小种。粗蛋白质含量40.69%，粗脂肪含量19.47%。

产量表现：2006年参加黄淮海南片夏大豆品种区域试验，每667m^{2}产量170.8kg，比对照徐豆9号增产11.8%；2007年续试，每667m^{2}产量166.1kg，比对照增产6.2%。2年区域试验每667m^{2}产量168.4kg，比对照增产9.0%。2007年生产试验，每667m^{2}产量160.3kg，比对照增产6.6%。2017年10月25日，河南省农科院在新乡县翟坡镇组织召开大豆品种“郑196”宽行免耕播种观摩和测产验收会，“郑196”高产示范田的现场实收测产结果，每667m^{2}产量达341.8kg，刷新了河南省大豆高产纪录（图2-2）。

图2-2　郑196

栽培要点：

（1）播种。6月上中旬播种，每667m^{2}种植密度1.2万～1.5万株。

（2）施肥。一般每667m^{2}施磷酸铵20kg、尿素3～4kg、氯化钾6～7kg作底肥。

（3）浇水。鼓粒期遇旱浇水可提高产量。

适宜地区：该品种符合国家大豆品种审定标准，通过审定。适宜在山东西南部，河南南部，江苏和安徽两省淮河以北地区夏播种植。

三、菏豆20

品种来源：系菏泽市农业科学院用豆交69与豫豆8号杂交后系统选育而成，2010年通过山东省审定，审定编号：鲁农审2010024。

特征特性：株型收敛，株高75cm，有效分枝1.9个，主茎14.8节，单株粒数106粒，圆叶、紫花、棕毛、落叶、不裂荚，籽粒椭圆形，种皮黄色，脐褐色，百粒重25.1g，花叶病毒病较轻。2007、2009两年经农业部食品质量监督检验测试中心检测（干基）：蛋白质含量38.7%，脂肪17.8%。2007年经南京农业大学国家大豆改良中心接种鉴定：抗SC-3花叶病毒、感SC-7花叶病毒。

产量表现：在山东省夏大豆品种区域试验中，2007年平均亩产209.4kg，比对照鲁豆11号增产25.3%；2008年平均亩产240.6kg，比对照菏豆12号增产8.1%；2009年生产试验平均亩产187.3kg，比对照菏豆12号增产4.6%（图2-3）。

图2-3 菏豆20

栽培要点：适宜密度为每667m^2 10 000 ~ 12 000株；其它管理措施同一般大田。

适宜地区：该品种审定适宜山东全省夏播种植。2019年通过河南省（豫引种2019豆009）、安徽（皖引豆2019002）、江苏（苏引种2019第125号）三省引种，黄淮夏大豆中部均可夏播种植。

四、中黄39

品种来源：中黄39是中国农业科学院作物科学研究所利用中品661/中黄14选育而成，审定编号：国审豆2010018。

特征特性：该品种生育期107d，株型半收敛，有限结荚习性。株高71.6cm，底荚高度16.6cm，主茎节数14.6个，分枝数1.8个，单株荚数37.4个，单株粒数78.1粒，单株粒重18.1g，百粒重22.5g。卵圆叶，白花，灰毛。籽粒椭圆形，种皮黄色，种脐浅褐色。接种鉴定，中抗花叶病毒病3号和7号株系，中感胞囊线虫病1号生理小种。粗蛋白含量42.62%，粗脂肪含量19.68%（图2-4）。

图2-4　中黄39

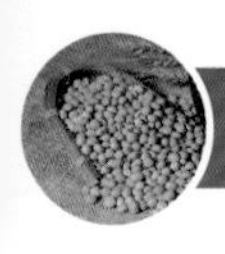

产量表现：2008年参加黄淮海中片夏大豆品种区域试验，平均每667m^{2}产量208.7kg，比对照齐黄28增产9.4%（极显著）；2009年续试，平均每667m^{2}产量182.1kg，比对照增产7.0%（极显著）。2年区域试验平均每667m^{2}产量195.4kg，比对照增产8.2%。2009年生产试验，平均每667m^{2}产量191.2kg，比对照增产4.6%。

栽培技术要点：6月上中旬播种，行距40～50cm，每667m^{2}种植密度1.2～1.6万株。每667m^{2}施底肥磷酸二铵10～15kg，或在开花期追施尿素10kg。

五、菏豆33

品种来源：山东省菏泽市农业科学院用菏豆20号与（中作975×徐8906）F6杂交后选育而成，2018年通过山东省审定，审定编号：鲁审豆20180004。2019年已通过安徽引种，2020年即将通过河南、苏引种。

特征特性：该品种有限结荚 习性，株型收敛。区域试验结果：生育期107d，比对照菏豆12号晚熟2天；株高73.6cm，有效分枝1.0个，主茎15.2节；圆叶、白花、棕毛、落叶、不裂荚；单株粒数88.9粒，籽粒椭圆形，种皮黄色、有光泽，种脐褐色，百粒重25.7g。2015年经农业部谷物品质监督检验测试中心品质分析（干基）：蛋白质含量为43.0%，脂肪含量为18.7%。2015年经南京农业大学国家大豆改良中心接种鉴定：抗花叶病毒3号和7号株系（图2-5）。

产量表现：在2015—2016年山东省夏大豆品种区域试验 中，两年平均亩产244.1kg，比对照菏豆12号增产8.3%；2017年生产试验平均亩产220.7kg，比对照菏豆12号增产11.3%。

栽培技术要点：适宜播期为6月10—25日，密度为每亩11 000～13 000株，其它管理措施同一般大田。

图2-5　菏豆33

六、徐豆20

品种来源：是江苏徐淮地区徐州农业科学研究所用徐豆9号/徐豆10号选育的大豆品种，2015年经第三届国家农作物品种审定委员会第四次会议审定通过，审定编号，国审豆2014012。

特征特性：普通型夏大豆品种，黄淮海夏播生育期104d，比对照中黄13晚2d。株型收敛，有限结荚习性。株高62.25cm，主茎13.16节，有效分枝2.34个，底荚高度14.1cm，单株有效荚数39.85个，单株粒数77.88粒，单株粒重18.60g，百粒重24.31g。卵圆叶，白花，灰毛。籽粒椭圆形，种皮黄色、微光，种脐黄色。接种鉴定，中感花叶病毒病Ⅲ号、Ⅷ号株系，高感胞囊线虫病1号生理小种。籽粒粗蛋白含量42.99%，粗脂肪含量19.88%。

产量表现：2011—2012年参加黄淮海南片夏大豆品种区域试验，两年平均亩产206.4kg，比对照增产5.8%；2013年生产试验，平均亩产198.2kg，比对照中黄13增产5.3%。

栽培技术要点：①一般6月上中旬播种，机播行距40cm，株距12～15cm；人工点播穴距25～30cm，每穴留2苗。②亩种植密度，高肥力地块10 000株，中等肥力地块12 000株，低肥力地块16 000株。③亩施腐熟有机肥1 000～2 000kg，氮磷钾复合肥20kg或磷酸二胺15kg作基肥，初花期亩追尿素5～8kg。

适宜地区：该品种符合国家大豆品种审定标准，通过审定。适宜山东南部、河南中东部、江苏淮河以北和安徽淮河以北夏播种植。注意防治胞囊线虫病。

七、齐黄34

品种来源：山东省农业科学院作物研究所，用诱处四号/86573-16选育而成，2013年10月18日经第三届国家农作物品种审定委员会第二次会议审定通过，审定编号为：国审豆2013009。

特征特性：普通型夏大豆品种，黄淮海夏播生育期平均108d，与对照邯豆5号相当。株型半收敛，有限结荚习性。株高68.8cm，主茎15节，有效分枝1.2个，底荚高度21.4cm，单株有效荚数32.0个，单株粒数68.6粒，单株粒重18.6g，百粒重26.9g。卵圆叶，白花，棕毛。籽粒圆形，种皮黄色、无光，种脐黑色。接种鉴定，中感花叶病毒病3号和7号株系，高感胞囊线虫病1号生理小种。粗蛋白含量42.58%，粗脂肪含量19.97%。

产量表现：2010—2011年参加黄淮海夏大豆中片组品种区域试验，两年平均亩产198.6kg，比对照邯豆5号增产5.4%。2012年生产试验，平均亩产217.6kg，比邯豆5号增产12.0%。

栽培要点：①一般6月中下旬播种，条播行距40～50cm。②亩种植密度，高肥力地块11 000株，中等肥力地块13 000株，低肥力地块17 000株。③亩施腐熟有机肥1 000kg，鼓粒期亩追施三元复合肥10kg，叶面喷施磷酸二氢钾3次。

适宜地区：该品种符合国家大豆品种审定标准，通过审定；适宜在山东中部、河南东北部及陕西关中平原地区夏播种植。胞囊线虫病发病区慎用。

第三章 大豆高产高效栽培技术

我们所述的大豆高产栽培技术，主要是指通过对大豆的生长过程中的各个环节进行严格的田间管理，提升最终收获的大豆产量的技术。这一技术主要是对在大豆生长过程中有着一定影响的土壤、种植方式、施肥时间、整地方法等因素进行调整，在科学理论的支持下，通过生产实践来对其调整效果进行验证，并通过这些实验结论，最终总结出有利于大豆生长和增产的田间管理方式。通过采取最佳的田间管理方式，我们能够有效地提高大豆的产量和质量，对我国农业的发展有着一定推动作用（图3-1）。

图3-1 大豆高产栽培农田

第一节　常规大豆栽培技术

一、提高播种质量

黄淮海地区夏大豆获得高产的关键是苗全苗壮。有条件的地方要大力推广免耕覆秸精量播种。

灭茬播种的，在麦收后及时灭茬，选用旋耕、施肥、播种、镇压一体机播种，提高播种质量。

黄淮海北部土壤黏重地块如遇干旱，应浇水造墒播种，沙质土壤可浇蒙头水；黄淮海南部地区播种时应注意开好三沟，减轻大豆生长期渍害。

一般亩用种量4～6kg，播种行距40cm左右，每亩保苗1.2～1.8万株。

播种时一次性施足基肥，每亩侧深施肥（复合肥N：P_2O_5：K_2O　15：15：15）10～25kg，肥料施在种子侧下方4～6cm处，以防止肥料与种子同位，影响种子出苗。

此外，要根据种子发芽率状况及时调整播种量。

二、大力推广种子包衣技术

近年来作物秸秆还田技术得到广泛推广应用，但土壤中的病原菌也越来越多。种子包衣技术是一项简便易行、防病防虫及壮苗增产的新技术，在大豆生产中有广阔的推广应用前景。

大豆播种前要精选豆种，去除虫籽病粒，并晒种2～3d。每100kg豆种用25%噻虫·咯·霜灵种子包衣剂400～500g，兑水1 000g，利用包衣机械进行种子包衣，将包衣种子放阴凉处摊开阴干，即可播种。

大豆种子包衣可以有效预防大豆根部病害、前期地下害虫，有效控制大豆整个生育期蚜虫、飞虱、蓟马等传毒昆虫的危害，显著减轻高温干旱年份大豆病毒病引起的“症青”，确保大豆壮苗早发、优质高产。

三、筛选适宜品种

根据不同区域的自然条件和种植水平，合理选用适宜的大豆品种。注意选用高产、高蛋白、抗病性好、适合机械化收获的大豆品种，以满足食用大豆消费市场需求。

黄淮海南部地区热量条件相对较好，可选用生育期相对较长的品种，如中黄13、徐豆14、皖豆28、阜豆9号、郑92116、商豆6号、冀豆17、皖豆35等。

中部地区要选用适宜本区域种植、熟期相对适中的大豆良种，如中黄系列、菏豆20、菏豆33、齐黄34、郑豆0689、郑196、中黄39、冀豆17。

北部地区要选用生育期相对较短的品种，如冀豆12、冀豆17、冀豆19、五星4号、沧豆6、沧豆10、中黄35、中黄37、科丰14、中黄30、邯豆7号、邯豆8号、石豆4号、石豆8号等。

四、科学调控肥水

黄淮海地区大部分大豆田土壤有机质含量较低，前茬小麦等作物收获时应尽量做到秸秆还田，以提高土壤有机质含量，并适当增施磷、钾肥，少施氮肥，有条件的地方可使用根瘤菌拌种。

在施足基肥的基础上，大豆花期前后如未封垄，每亩追施大豆专用肥或复合肥10kg左右。

花荚期降水集中且时间较长时，应及时开沟排涝防渍，遇干旱应及时浇水，促进开花结荚，增加单株粒数和百粒重。

大豆生长中后期可喷18.7%丙环·嘧菌酯+磷酸二氢钾+芸苔素内酯，防止植株早衰，防病保叶增粒重。

对于前期长势旺、群体大、有徒长趋势的田块，可在初花前开展化控防倒，见图3-2。

图3-2　大豆栽培农田

五、防治病虫草害

黄淮海地区应重点防治大豆根腐病、蛴螬、豆秆蝇、点蜂缘蝽，以及霜霉病、细菌性斑点病、灰飞虱、大豆蚜虫、食心虫、甜菜夜蛾、红蜘蛛等病虫害。

除了选用抗病品种防治根腐病外，还可选用优质种衣剂拌种，有效防治蛴螬、大豆苗期根部病害，预防病毒病（“症青”）的发生。

大豆出苗后7～10d，特别是高温干旱年份，要及早喷施预防病毒病套餐，施药越早，防病增产效果越好。预防病毒增产套餐主要以噻虫·高氯氟微囊剂（阿立卡）+氨基寡糖素·链蛋白（阿

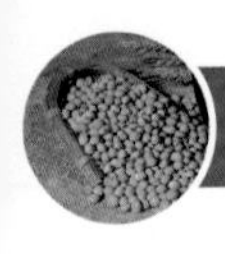

泰灵）+细胞分裂素+芸苔素内酯为主，防病增产效果非常显著！

大豆苗期和生长中后期，选用高效低毒药剂防治红蜘蛛、蚜虫、豆天蛾、甜菜夜蛾、食心虫、造桥虫、卷叶螟等害虫。早晨或傍晚害虫活动较迟钝，此时用药效果较好。

化学除草是大豆田杂草防除的主要手段，是大豆轻简化栽培的一项重要措施。大豆苗后化学除草应选用适宜的高效低毒除草剂品种，严格按照说明书推荐剂量使用，避免造成大豆药害或影响后茬作物生长。田间秸秆量大的地块，可根据土壤情况、杂草种类和草龄，科学选择除草剂进行苗后除草。

六、适时开展收获

大豆完熟后要及时收获。收割机应配备大豆收获专用割台，或降低小麦、水稻等收割机割台的高度，一般割台高度不超过17cm，以减轻拨禾轮对植株的击打力度，减少落荚、落粒损失。

正确选择和调整脱粒滚筒的转速与间隙，以降低大豆籽粒的破损率。如果收获前大豆田杂草较多，可人工拔除大草，也可提前1周使用化学除草剂除草。

机收时应避开露水，防止籽粒黏附泥土，影响外观品质。

第二节　大豆高产高效栽培模式

一、大豆波浪冠层栽培技术

大豆的波浪冠层栽培法是一种通过人力造成波浪冠层来扩大群体叶片截光面积使其充分进行光合作用，提升光合效率，使大豆后期可以得到良好通风通光，使底叶枯黄现象大幅降低，从而提高大豆的产量的一种栽培方法。它使用茎秆高矮不同的大豆品种进行搭配间作，使其自然地形成一种波浪冠层。这种方法只是在初期需要通过人力进行种子的选取与种植，在中期根据具体的生态环境通过对种植密度和施肥量的改变来调控株高，因此，这种方法十分经济简便，可以大面积使用。但是需要注意的是，所挑选的品种必须熟期相近，这样才能达到最好的增产效果。在种植过程中，如果遇到植株异常旺长的情况，也可以喷洒矮化药物，促使植株矮化。但是，必须要注意掌握喷药的剂量与时间。

二、大豆两垄一沟栽培技术

这一栽培法通过在每2垄大豆之间加入1条沟带的方式，提高了大豆生长过程中对光能的利用率。通过加强光合作用，大豆能够从光能中获取更多能量，促使大豆籽粒生长得更为饱满。同时还能够提高整个大豆种植区域的通风透光程度。通过良好的通风透光，能够更好地帮助大豆排出其生长过程中所产生的一些废物。此外，这种栽培方式还能够在一定程度上帮助防止旱涝等灾害。在炎热的气候下，我们可以通过在沟内灌水的方式保证大豆不会因过旱而死亡。在多雨年份，过多的雨水也能够通过大豆垄间的沟壑顺利排出，不会导致大豆过涝，导致大豆因水淹而死亡。这种栽培方式实施成本小，且效果良好，对大豆质量和产量的提高有着显著的作用。

三、大豆45cm双条密植栽培技术

45cm双条密植栽培技术，将传统的大豆种植间隔缩短至45cm，并采用垄上双条种植的方式进行耕种。在同等面积的耕地下，采用该技术进行栽培的大豆相较采用传统方法进行栽培的大豆产量大幅增加。45cm双条密植栽培技术，通过在土壤深层进行

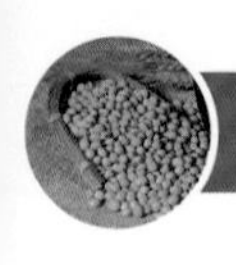

施肥的方式，将种植的2行大豆相互之间的不良影响降到最低，保证2行大豆均能够健壮生长，从而收获比常规种植高得多的产量。此种栽培方式不仅能够增加大豆的产量，还能够在一定程度上改善土壤，为农业生产可持续发展奠定坚实基础。

四、大豆免耕覆秸栽培技术

大豆免耕覆秸栽培技术是利用融开沟、施肥、播种、覆土、镇压、秸秆粉碎并均匀覆盖地表等功能于一体的大型播种机，一次作业即可完成整个播种作业，单粒播种提高了播种质量；做到了侧深施肥（种肥同播），秸秆全部还田。

大豆免耕覆秸栽培的优点：一是省时、省工、省力，秸秆粉碎、覆盖、播种、施肥一次作业完成；二是保护土壤结构，培肥地力；三是麦秸均匀覆盖于播种后的地表，有明显的抑草作用，抑草率可达40%～60%；四是麦秸覆盖提高土壤含水量达1%～2%，能够增加土壤肥力；五是增产显著，2015年9月31日新乡试验调查，大豆免耕覆秸栽培产量为274.2kg/667m^2，较传统种植田225kg/667m^{2}增产21.9%；六是生产生态并重，大豆免耕覆秸高产栽培模式，有效地解决了长期困扰黄淮海冬麦区大豆生产的麦秸处理，大豆保苗和土壤培肥难题，通过试验研究，采用密植、抗倒高产品种，结合免耕覆秸高产栽培技术，真正实现了良种良法配套、农机农艺融合、节本增效同步、生产生态并重，增产增效显著。

第四章
大豆病害防治技术

一、大豆霜霉病

1. 症状诊断

大豆霜霉病的病原菌为东北霜霉，属鞭毛菌亚门真菌。该病主要为害幼苗、叶片、荚和籽粒。幼苗受害后，当第一片真叶展开后，沿叶脉两侧出现褪绿斑块。叶片上病斑多角形或不规则形，背面密生灰白色霜霉状物。成株叶片表面呈圆形或不规则形，边缘不清晰的黄绿色星点，后变褐色，叶背生灰白色霉层。豆荚病斑表面无明显症状，剥开豆荚，其内部可见不定型的块状斑，病粒表面黏附灰白色的菌丝层，内含大量的病菌卵孢子。

2. 发病条件

病菌以卵孢子在种子上和病叶里越冬，成为来年初侵染菌源。每年6月中下旬开始发病，7—8月是发病盛期，多雨年份常发病严重（图4-1）。

3. 防治方法

（1）农业防治。选用抗病品种，精选种子，淘汰除病粒；及时将病株残体清除田外销毁以减少菌源，生长期间及时排出积水，实行2～3年轮作等均可减轻霜霉病的发病率。

（2）种子处理。用25%噻虫·咯·霜灵悬浮种衣剂，按种子重量的0.4～0.5%拌种，拌种时药水比为1∶2。

（3）药剂防治。大豆开花期，田间发病初期，及时用58%甲霜灵·锰锌800倍、72%霜脲·锰锌800倍或烯酰吗啉叶面喷雾，每667m²用药液30kg，间隔10d左右再防治1次，连喷2～3次效果更佳。

叶片正面症状　　叶片反面症状

图4-1　大豆霜霉病症状

二、大豆灰斑病

1. 症状诊断

大豆灰斑病又称蛙眼病、斑点病。病原菌为大豆尾孢菌，属半知菌亚门真菌。主要为害叶片，也能浸染茎、荚。叶片病斑初为红褐色斑点，逐渐扩展成圆形、椭圆形，中央灰色，边缘红褐色的蛙眼状病斑。严重时，病斑融合，叶片干枯脱落，茎上病斑椭圆形，中央褐色，边缘深褐色或黑色，中部稍凹陷。荚上病斑圆形或椭圆形，边缘红褐色，中央灰色。

2. 发病条件

病菌以菌丝体或分生孢子在病残体或种子上越冬，翌年春季成为初浸染源，在田间主要靠气流风雨传播，田间湿度大易重度发病（图4-2）。

初期病斑

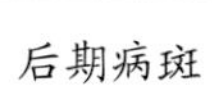

后期病斑

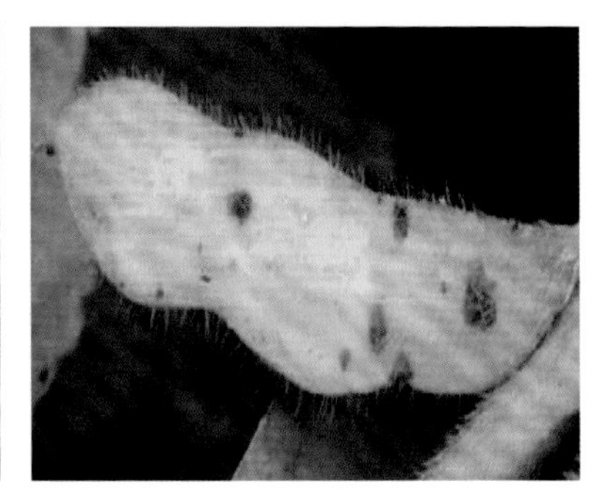

病荚

图4-2　大豆灰斑病症状

3. 防治方法

（1）农业防治。选用抗病耐病品种，做好种子处理；及时清除病残体，减少越冬菌量；加强田间管理，合理密植，培育壮苗，提高抗病性。

（2）药剂防治。防治施药的关键时期是始荚期至盛荚期。用50%异菌脲可湿性粉剂或扑海因悬浮剂600倍喷雾防治，间隔10d再喷洒1次，防治效果更为理想。

三、大豆褐斑病

1. 症状诊断

大豆褐斑病的病原菌为大豆壳针孢，属半知菌亚门真菌。该病只为害叶片，子叶病斑不规则形，暗褐色，上生很细小的黑点。真叶病斑棕褐色，轮纹上散生小黑点，病斑受叶脉限制呈多角形，严重时病斑融合成大斑块，导致叶片变黄干枯脱落。

2. 发病条件

病菌以孢子器或菌丝体在病组织或种子上越冬，成为翌年初浸染源，种子带菌引致幼苗子叶发病，病菌靠风雨传播，先浸染底部叶片，后重复浸染向上蔓延。温暖、多雨、多雾、高湿、结露天气，大豆褐斑病危害严重（图4-3）。

3. 防治方法

（1）农业防治。选择抗病、耐病的优良品种；实行3年以上轮作；加强田间管理，及时处理残茬病株以及田间杂草，减少病原菌基数。

（2）药剂防治。参考大豆灰斑病防治用药。

初期病斑

后期病斑

图4-3　大豆褐斑病症状

四、大豆紫斑病

1. 症状诊断

大豆紫斑病的病原菌为菊池尾孢，属半知菌亚门真菌。大豆紫斑病属广谱性病害，在我国大豆产区普遍发生，常在大豆结荚前后发病。主要为害豆荚和豆粒，也为害叶子和茎秆，豆荚病斑近圆形，灰黑色，边缘不明显，豆粒上的病斑紫色，形状不定，仅限于种皮，不深入内部。叶片上的病斑初为紫色圆形小点，散生，扩展后形成多角形褐色或浅灰色斑。生有黑色霉状物，茎秆上形成长条状或梭形红褐色病斑，严重时整个茎秆变成黑紫色，病斑融合成大斑块而导致茎秆变黑干枯。

2. 发病条件

病菌以菌丝体潜伏在种皮内或以菌丝体和分生孢子在病残体组织上越冬，成为翌年初浸染源。种子带菌，引起幼苗子叶发病，病苗或叶片上产生的分生孢子借靠风雨传播，进行初侵染和再侵染。大豆开花期和结荚期多雨、高温、多雾高湿，容易引起大豆紫斑病重度发生（图4-4）。

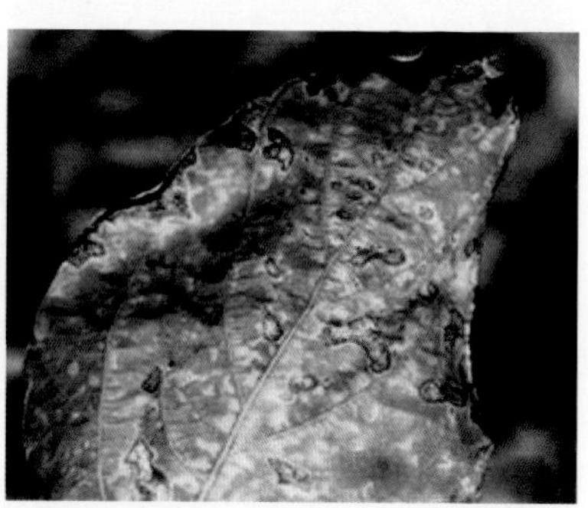

病叶

病荚

图4-4　大豆紫斑病症状

3. 防治方法

（1）农业防治。实行轮作，及时处理残茬病株以及田间杂草，大豆收获后及时深秋耕，减少病原菌基数；加强田间管理，合理密植，增施磷钾肥，提高作物抗病性。

（2）药剂防治。

①种子处理：应选用优质种子包衣剂进行大豆种子包衣，或者用50%福美双可湿性粉剂按种子重量的0.3%拌种。

②喷药防治：最佳防治时期为大豆开花始期、蕾期。可用50%多·霉威可湿性粉剂1 000倍液，70%甲基硫菌灵悬浮剂800倍液+80%代森锰锌可湿性粉剂600倍液、50%异菌脲可湿性粉剂100g/667m^2、25%丙环唑乳油40mL/667m^{2}对水喷雾均具有较好防效。大豆结荚期、嫩荚期再各喷1次，防治效果更佳。

五、大豆细菌性斑点病

1. 症状诊断

大豆细菌性斑点病病原菌为丁香假单胞菌大豆致病变种，属细菌性病害。主要为害幼苗、叶片、叶柄、茎及豆荚。幼苗感染病后子叶生半圆形或近圆形褐色斑。叶片感染病后初生褪色不规则形小斑点，水渍状，扩大后呈多角形或不规则形，病斑中间深褐色至黑褐色，外围具一圈窄的褪绿晕环，病斑融合后成枯死斑块。

2. 发病条件

病菌在种子和病残体上越冬，成为翌年初侵染源，播种带菌种子能引起幼苗发病，病叶上的病原菌借靠风雨传播，引起多次再侵染。越冬后病叶上的细菌也可浸染幼苗和成株期叶片，发病后也可借风力、雨传播，结荚后病菌侵入种荚，直接侵害种子，严重影响大豆产量与质量（图4-5）。

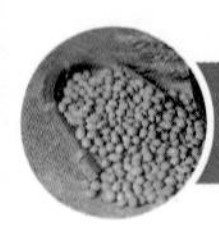

初期病害

后期病害

图4–5　大豆细菌性斑点病症状

3. 防治方法

（1）农业防治。定期轮作，施用充分腐熟的有机肥，大豆收获后及时深耕，加强田间管理，合理密植，培育壮苗，增强抗病能力，及时处理残茬病株以及田间杂草。

（2）种子处理。种子处理应选用高效种衣剂进行种子包衣，或者用50%福美双可湿性粉剂按种子重量的0.3%拌种。

（3）药剂防治。发病初期可用中生菌素600倍液、氯溴异氰尿酸30～40g/667m^2、30%琥胶肥酸铜可湿性粉剂60g/667m^{2}对水均匀喷雾；每10～15d喷1次，连喷2～3次效果最佳。

六、大豆病毒病

1. 症状诊断

大豆病毒病又称大豆花叶病，在我国各大豆产区普遍发生，为广谱性病害之一。该病是整株系统侵染性病害，病症变化差异性较大，常见的花叶类型有轻度花叶型，叶片生长基本正常，只表现轻微淡黄色斑块；重花叶型，叶片也呈黄绿相间的花叶斑块，皱缩畸形，叶脉弯曲，叶肉呈紧密泡状突起，暗绿色；皱缩花叶型，叶片呈现黄绿相间的花叶，病叶皱缩呈畸形，沿叶脉呈泡状突起，叶缘向下卷曲或扭曲，植株矮化（图4-6）。

病叶症状

大田症状

图4-6　大豆病毒病症状

2. 发病条件

种子带毒是该病初浸染源，病毒可在蚕豆、豌豆等作物体上越冬，蚜虫、叶蝉、飞虱是主要传毒昆虫。大豆出苗后遇高温干旱天气，大豆幼苗受到飞虱、蓟马、蚜虫、盲蝽类传毒昆虫危害，就会诱发严重的大豆病毒病（俗称“症青”）；田间表现为叶片浓绿皱缩，豆荚无籽，常导致严重减产，甚至绝收！

3. 防治方法

（1）农业防治。播无病毒种子或低毒种子，适当调整播种期，躲过蚜虫等传播高峰盛期，在蚜虫、叶蝉、飞虱迁飞前喷药防治。

（2）种子包衣。用噻虫·咯·霜灵或苯醚·咯·噻虫悬浮种衣剂进行种子包衣，药种比1∶200～250，药水比1∶2（详见第三章第一节种子包衣部分）。

（3）药剂防治。大豆出苗后遇高温干旱天气，及时喷施噻虫.高氯氟微囊剂+阿泰灵（氨基寡糖·链蛋白）+芸苔素内酯，杀传毒昆虫、防病毒，壮苗增产效果突出。大豆初花期用25%噻虫嗪可湿性粉剂20g/667m^2+1%菇类蛋白多糖水剂300倍或氨基寡糖·链蛋白可湿性粉剂1 000倍混合喷雾，可有效控制病毒病发生危害，确保大豆优质高产。

七、大豆疫霉根腐病

1. 症状诊断

大豆疫霉根腐病的病原菌为大雄疫霉大豆专化型，属鞭毛菌亚门真菌。大豆各生育时期均可发病，出苗前染病，易引起种子腐烂或死苗。出苗后发病，引致病部根腐或茎腐，造成幼苗萎蔫或死亡。成株染病，初期茎基部变褐、腐烂，病部环绕茎蔓延，下部叶片叶脉间黄化，上部叶片褪绿，造成植株萎蔫、凋萎叶片悬挂在植株上。

2. 发病条件

该病以卵孢子在土壤中存活越冬成为翌年初侵染源，以风、雨为主要传播途径，土壤黏重、积水、湿度高、多雨、重茬，极易引起病害严重危害，否则，发病就轻些。近年大豆小麦连作，秸秆还田量大，重迎茬比例加重，根腐病现象逐年加重，一般减产量5%～90%不等，严重的甚至绝收（图4-7）。

大田发病

病株根部

图4-7　大豆疫霉根腐病症状

3. 防治方法

（1）农业防治。选用抗病耐病品种，加强田间管理，做好土壤处理、种子包衣，减少病原菌基数，及时处理残茬病株以及田间杂草，雨后及时排出田间积水。

（2）药剂防治。用咯菌·甲霜灵、苯醚·咯、噻呋酰胺或甲霜灵.恶霉灵，按种子重量的0.3%拌种；发病初期可喷洒24%噻呋酰胺悬浮剂或甲霜·恶霉灵1 000倍，大豆初花期再喷一次，避免后期根腐造成严重危害。

八、大豆立枯病

1. 症状诊断

大豆立枯病是真菌性病害，俗称“死棵”、“猝倒”、“黑根病”，病害严重年份，轻病田死株率在5%～10%，重病田死株率达30%以上，个别田块甚至全部死光，造成绝产。大豆立枯病仅在苗期发生，幼苗和幼株主根及近地面茎基部出现红褐色稍凹陷的病斑，皮层开裂呈溃疡状，病菌的菌丝最初无色，以后逐渐变为褐色。病害严重时，株粒矮小，幼苗生育迟缓，靠地面的茎赤褐色，皮层开裂，呈溃疡状。

2. 发病条件

连作发病重，轮作发病轻。因病菌在土壤中连年积累，田间菌原量逐年增加。种子质量差发病重。凡发霉变质的种子一定发病重，立枯病的病原可由种子传播，发病轻重与种子发芽势降低、抗病性衰退有关。用病残体沤肥、施用未经腐熟的粪肥，能传播病害，导致田间病害发生重。地下害虫多、土质瘠薄、缺肥和大豆长势差的田块发病重（图4-8、图4-9）。

3. 防治方法

（1）农业防治。选用抗病品种。实行轮作，与禾本科作物实行3年轮作。选用排水良好、高燥地块种植大豆，避免在低洼地种植大豆，低洼地采用垄作或高畦深沟种植，并及时注意排出田间积水，锄划散墒。合理密植，防止地表湿度过大，雨后及时排水。

（2）药剂防治。用种子量0.3%的多菌灵、苯醚·咯等高效种衣剂拌种。发病初期喷洒甲霜·恶霉灵或噻呋酰胺1 000倍液；病情严重时间隔7～10d，连防2～3次，并做到喷匀，重点喷雾根部。

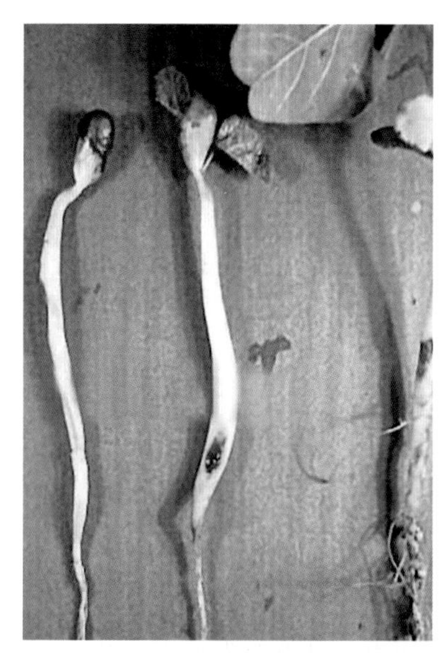

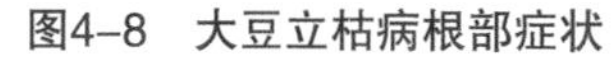

图4–8　大豆立枯病根部症状

图4–9　大豆立枯病苗期及成株期死苗症状

九、大豆线虫病

1. 症状诊断

大豆线虫病（根结线虫病、胞囊线虫病）主要为害大豆根系。孢囊线虫导致大豆根系发育不良，侧根少，须根多，须根上着生许多黄白色针头大小的颗粒，肉眼可见，后期变为褐色脱落。受线虫为害后根系变弱、大豆根瘤变少，严重时根系变褐腐朽，病株地上部矮小、节间短、花芽少，枯萎，结荚少，叶片发黄，最后导致植株枯萎。

2. 发病条件

春季变暖，越冬卵开始孵化，2龄幼虫冲破卵壳进入土壤内，后钻入根部，在根皮层中发育为成虫，孢囊线虫在田间传播，主

要通过田间作业时农机具或人畜携带的胞囊土壤，另外，农作物病残体、粪肥、水流、风雨等也可以传播胞囊线虫，种子中的胞囊是大豆胞囊线虫远距离传播的主要途径（图4-10至图4-12）。

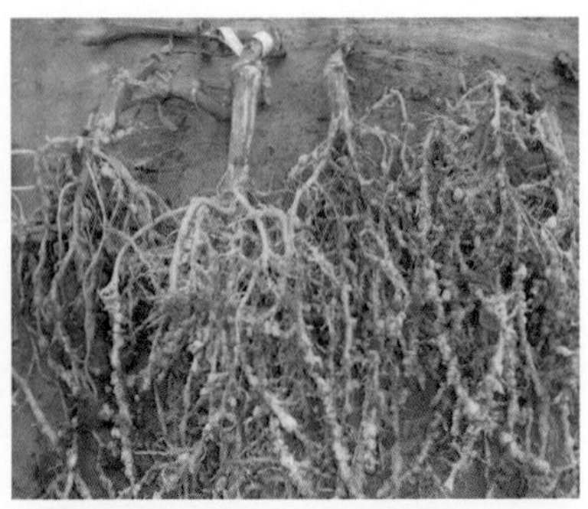

图4-10　大豆线虫病病根症状

图4-11　大豆线虫病病叶症状

图4-12　大豆线虫病病株症状

3. 防治方法

（1）农业防治。加强检疫选用无病品种。

（2）药剂防治。用10.5%阿维·噻唑膦颗粒剂2kg/667m^2、10%噻唑膦颗粒剂2kg/667m^2，拌适量细土在播种时撒入播种沟内。

十、大豆炭疽病

1. 症状诊断

大豆炭疽病症为广谱性真菌病害，各大豆产区普遍发生，主要危害茎和豆荚。茎上病斑为近圆形或不规则形，初生暗褐色，后期变为灰白色，病斑包围茎后，导致茎枯死。豆荚上的病斑近圆形，红褐色，后变为灰褐色，病斑上产生许多小黑点，排列成轮纹状，即病菌的分生孢子盘。

2. 发病条件

病原菌常以菌丝在带病种子上或落于田间病株组织内越冬，翌年播种后直接侵害子叶，在潮湿条件下分生孢子，借风雨传播侵染。生产上苗期低温或土壤过分干燥，容易造成幼苗发病。成株期温暖潮湿利于病菌侵染流行，河南省7—8月高温、多雨、高湿时炭疽病发生就比较严重，反之发病就轻（图4-13、图4-14）。

图4-13　大豆炭疽病病茎症状

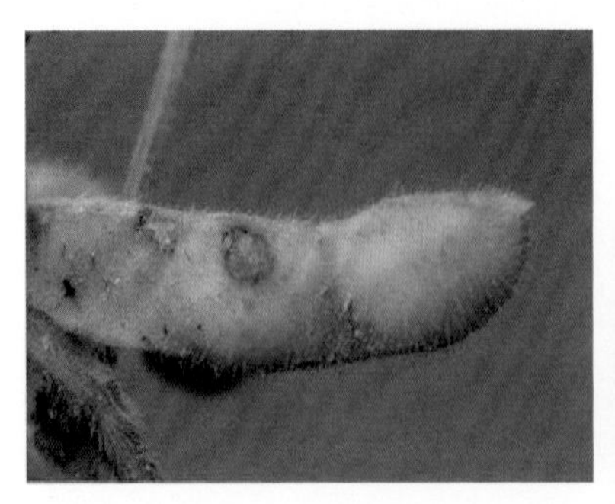
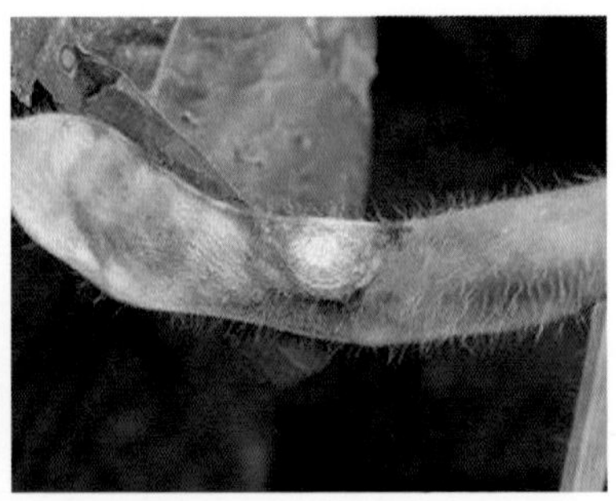

图4-14　大豆炭疽病病荚症状

3. 防治方法

（1）农业防治。雨后及时排水，降低田间湿度；氮磷钾合理使用，重视磷肥、钾肥，避免过多、单一施用氮肥；收获后及时清除和烧毁残病株减少菌源，深翻耕地。

（2）种子处理。用27%噻虫.咯.霜灵悬浮种衣剂400～500mL拌种子100～125kg。

（3）药剂防治。最佳防治施药时期是在大豆开花结荚期。在开花始期，喷施45%咪鲜胺600～1 000倍液、50%异菌脲可湿性粉剂70～100g/667m^{2}对水30kg均匀喷雾。间隔10d左右再防一次，连喷2～3次，防治效果更佳。

十一、大豆荚枯病

1. 症状诊断

大豆荚枯病为广谱性真菌病害，各大豆产区时常发生，主要为害豆荚、也能为害茎和叶片。豆荚染病，病斑初为暗褐色，后变为苍白色，病斑呈近圆形，上轮生许多小黑点，幼荚常脱落，老荚染病萎垂不落，病荚大部分不结实；发病轻的虽能结荚，但籽粒小，易干缩，味苦。茎染病产生灰褐色不规则形病斑，上生无数小黑粒点，病部以上干枯，导致茎枯死。

2. 发病条件

病原菌以菌丝体在带病种子或分生孢子器在病残体上越冬，成为翌年初侵染菌源，多年连作地块，田间残留病残体及周边杂草上越冬菌量多、地势低洼、排水不良、在潮湿条件下，发病就重，反之发病较轻（图4-15、图4-16）。

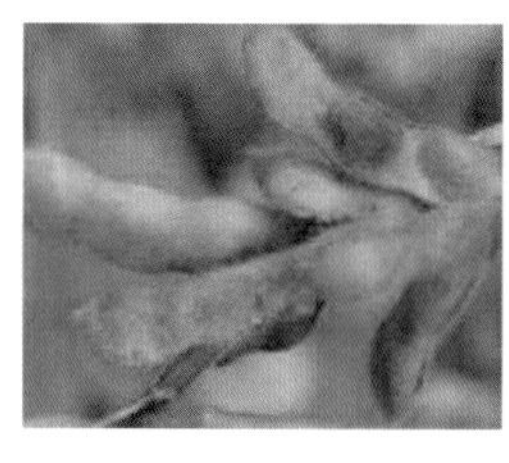
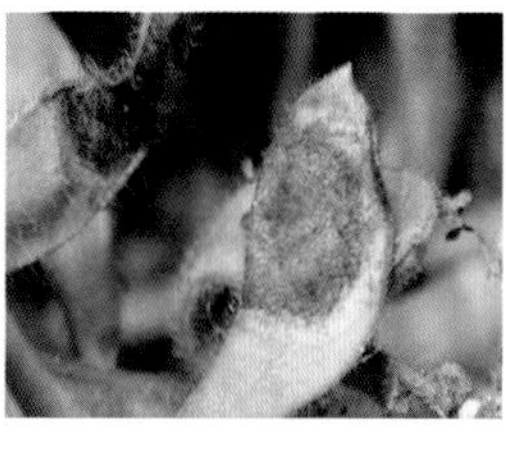

图4-15 大豆荚枯病病荚症状

图4-16 大豆荚枯病病茎症状

3. 防治方法

（1）农业防治。雨后及时排水，降低田间湿度；氮磷钾合理使用，避免过多、单一施用氮肥；收获后及时清除和烧毁病残株减少菌源，深翻耕地，施用充分腐熟的有机肥。

（2）种子处理。参考大豆荚枯病种子处理。

（3）药剂防治。最佳防治施药时期是在大豆开花始期，喷施50%多菌灵可湿性粉剂600倍液、或70%甲基硫菌灵可湿性粉剂800～1 000倍液，或50%咪鲜胺锰盐可湿性粉剂2 000倍液，或25%嘧菌酯悬浮剂1 000～1 500倍液均匀喷雾。间隔10d左右交替用药连喷2～3次，防治效果更佳。

十二、大豆菌核病

1. 为害症状

主要为害地上部，苗期、成株均可发病，花期受害重，产生苗枯、叶腐、茎腐、荚腐等症。苗期染病茎基部褐变，呈水渍状，湿度大时长出棉絮状白色菌丝，后病部干缩呈黄褐色枯死，表 皮撕裂状。叶片染病始于植株下部，初叶面生暗绿色水浸状斑，后扩展为圆形至不规则形，病斑中心灰褐色，四周暗褐色，外有黄色晕圈；湿度大时亦生白色菌丝，叶片腐烂脱落。茎秆染病多从主茎中下部分杈处开始，病部水浸状，后褪为浅褐色至近白色，病斑形状不规则，常环绕茎部向上、下扩展，致病部以上枯死或倒折。湿度大时在菌丝处形成黑色菌核。病茎髓部变空，菌核充塞其中（图4-17、图4-18）。干燥条件下茎皮纵向撕裂，维管束外露似乱麻，严重的全株枯死，颗粒不收。豆荚染病现水浸状不规则病斑，荚内、外均可形成较茎内菌核稍小的菌核，多不能结实。

图4-17　大豆菌核病秆腐症状

图4-18　大豆菌核病茎秆内菌核

2. 发病规律

病原菌以土壤中和混在种子间的菌核越冬，种子亦可带病。越冬后的菌核，大豆封垄后，温湿度适宜时，萌发成为初次侵染源，风雨传播。大豆扬花期病原孢子落到花上，利用花的养分萌发，在花开过以后侵染进入植株。病原菌在茎内部生长向上发展，然后转到茎杆的外部，表现为秆腐症状。大豆、重迎茬大豆、低洼地大豆、密度大长势繁茂的大豆发病重，7月底至8月降雨多的年份，发病重。施氮肥过多，大豆生长繁茂，茎秆软弱，倒伏地段发生重，过度密植田，发病率重。宽垄种植，株间增加通风，可以减轻病害。

3. 防治方法

（1）农业防治：收获后清除病残体，秋季深翻，与小麦、水稻等实行三年以上轮作。选用无病、耐病品种子并进行种子处理。及时排水，降低豆田湿度，避免施氮肥过多造成田间郁闭。

（2）药剂防治：发病初期，喷洒70%甲基硫菌灵可湿性粉剂600倍液、50%扑海因可湿性粉剂1 000倍液、50%速克灵可湿性粉剂600～1 000倍液；7～10天后再喷一次，才能得较好效果。

第五章 大豆虫害防治技术

一、大豆蓟马

1. 为害症状

大豆田的蓟马主要有烟蓟马、豆黄蓟马，均属缨翅目，蓟马科。蓟马是一种小型昆虫，产卵于植株的花器和叶上。蓟马以幼虫和成虫刺吸式口器穿刺花器并吸取汁液。主要危害幼嫩组织，如叶片、花器、嫩荚果。被害部位蜷曲、皱缩以致枯死，常造成花而不实（“症青”）。

2. 发生规律

蓟马在华北一年发生6～10代，以成虫在枯枝落叶及杂草中越冬，6月初以后虫量增多并大量繁殖，6—9月出现世代重叠，在大豆田为害，极易引起大豆病毒病严重发生。在气候适宜时，2周左右由卵发育为成虫。一般大豆复叶展开后，气候温暖，光照充足，大风日少，高温干旱的年份蓟马发生重（图5-1）。

被害叶片

成虫

大田被害症状

图5-1　大豆蓟马危害症状

3. 防治方法

可用25%噻虫嗪水分散粒剂20～30g/667m^{2}或2.5%多杀霉素悬浮剂40～50mL/667m^2、70%吡虫啉水分散粒剂4～6g/667m^2，喷雾时一定要做到均匀周到，尤其是叶背面。

二、豆芫菁

1. 为害症状

豆芫菁从南到北分布于我国很多省（市）。寄主植物除大豆外，还有花生、棉花、马铃薯、甜菜、麻、番茄、苋菜等。豆芫菁体长14～27mm。体背黑色，头部橙红色，翅鞘末端具灰白色长毛，雄虫于触角、各脚均有明显发达的黑色长毛。豆芫菁以成

虫为害大豆的叶片，尤喜食幼嫩部位。将叶片咬成孔洞或缺刻，甚至吃光，只剩网状叶脉。豆芫菁为害嫩茎及花瓣，有的还吃豆粒，使其不能结实，对产量影响大。幼虫以蝗卵为食，如无蝗虫卵可食，则饥饿而死。一般1个蝗虫卵块可供1头幼虫食用，是蝗虫的天敌。

2. 发生规律

豆芫菁在东北、华北一年发生1代，在长江流域及长江流域以南各省每年发生2代。以五龄幼虫（假蛹）在土中越冬，在1代区的越冬幼虫6月中旬化蛹，成虫于6月下旬至8月中旬出现为害，8月为严重为害时期，尤以大豆开花前后最重。第一代成虫为害大豆最重，以后数量逐渐减少，并转至蔬菜上为害。成虫白天活动，在豆株叶枝上群集为害，活泼善爬。成虫受惊时迅速散开或坠落地面，且能从腿节末端分泌含有芫菁素的黄色液体，如触及人体皮肤，能引起红肿发泡。成虫产卵于土中约5cm处，每穴70~150粒卵（图5-2）。

3. 防治方法

（1）越冬防治。根据豆芫菁经幼虫在土中越冬的习性，冬季翻耕豆田，增加越冬幼虫的死亡率。

（2）人工捕虫。成虫有群集为害习性，可于清晨用网捕成虫，集中消灭。

（3）药剂防治。成虫发生盛期，喷撒40%辛硫磷乳油1 000倍液，或40%毒死蜱乳油1 000倍液，或80%敌敌畏乳油，或用90%晶体敌百虫1 000~2 500倍液，于清晨或傍晚喷雾防治，效果均在85%以上。

成虫

被害状

图5-2　豆芫菁危害症状

三、大豆蚜虫

1. 为害症状

大豆蚜虫俗称腻虫、蜜虫。蚜虫为害植株的生长点、嫩叶、嫩茎、嫩荚，传播病毒，造成叶片卷缩，生长减缓，结荚数减少，苗期发生严重可致整株死亡。

2. 发生规律

一般持续干旱、高温少雨容易重度发生，多集中在大豆的生

长点及幼嫩叶背面，刺吸植株汁液，造成植株矮化、降低产量，还可传播病毒病，造成减产和品质下降（图5-3）。

图5-3 大豆蚜虫为害症状

3. 防治方法

（1）农业防治。铲除田间、地边杂草，减少虫源滋生。

（2）种子处理。用27%噻虫.咯.霜灵悬浮种衣剂进行种子包衣，可有效防治苗期蚜虫。

（3）药剂防治。当每株10头以上或卷叶率5%以上，用50%抗蚜威可湿性粉剂10g、25%噻虫嗪可湿性粉剂或10%吡虫啉可湿性粉剂20g，对水30kg喷雾。

四、大豆食心虫

1. 为害症状

大豆食心虫是大豆常发性的害虫之一。以幼虫蛀食豆荚，幼虫蛀入前均作一白丝网罩住幼虫，一般从豆荚合缝处蛀入，被害豆粒咬成沟道或残破状。此害虫幼虫爬行于豆荚上，蛀入豆荚，咬食豆粒，造成大豆粒缺刻、受害，重者可吃掉豆粒大半，被害籽粒变形，荚内充满粪便，品质变劣（图5-4）。

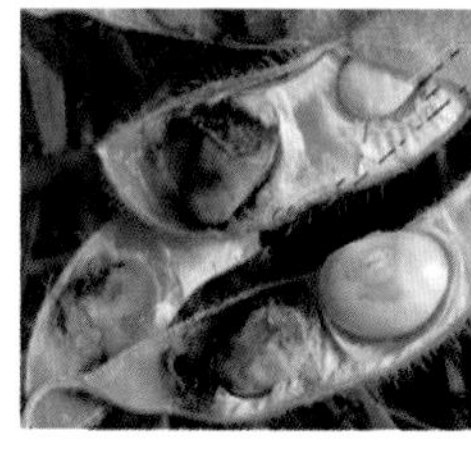

图5-4　大豆食心虫为害症状

2. 防治方法

（1）农业防治。选择抗虫类品种，轮作换茬，播前深翻细耙，收获后及时清除残茬病株，减少虫源。

（2）药剂防治。大豆开花结荚期为该虫防治关键时期，成虫发生盛期用80%敌敌畏乳油1 000倍液喷雾；或每667m^2用80%敌敌畏乳油150g浸沾20cm长的高粱秆、玉米秆40～50根，每隔5～10m插1根。幼虫初发期用氯虫苯甲酰胺20～30mL等对水30kg均匀喷雾。

五、大豆卷叶螟

1. 为害症状

大豆卷叶螟是大豆生产上的主要害虫，除为害大豆外，还为害绿豆、花生等豆科植物。大豆卷叶螟以幼虫为害豆叶、花、蕾和豆荚，幼虫蛀入花蕾和嫩荚，被害蕾易脱落，被害荚的豆粒被虫咬伤，蛀孔口常有绿色粪便，虫蛀荚常因雨水灌入而腐烂。幼虫为害叶片时，3龄前喜食叶肉不卷叶，3龄后开始卷叶，4龄幼虫将豆叶横卷成筒状，潜伏在其中为害，有时数张叶片卷在一起，常引起落花落荚。

2. 发生规律

该虫一年发生2代，7月下旬至8月上旬是1代幼虫严重危害盛期，严重发生田块卷叶株率达90%以上；9月是2代幼虫危害盛期。田间世代重叠，常同时存在各种虫态。多雨湿润的气候有利于大豆卷叶螟发生；生长茂密的豆田、晚熟品种、叶毛少的品种，施氮肥过多或晚播田受害较重（图5-5）。

图5-5　大豆卷叶螟为害状

3. 防治方法

（1）农业防治。及时清理田园内的落花、落蕾、落荚、病残体，以免转移为害；选择抗虫、耐虫品种。

（2）药剂防治。播前做好种子拌种处理。田间防治应在各代卵孵化盛期是防治大豆卷叶螟的关键时期。一般在查见田间有1%～2%的植株有卷叶为害时开始防治，每667m^{2}可选用的药剂有2.5%高效氟氯氰菊酯乳油35mL，或15%茚虫威悬浮剂10mL，或5%甲氨基阿维菌素乳油20mL等，对水30kg喷雾。每隔7～10d防治1次，交替用药连续防治2次效果更好。

六、大豆红蜘蛛

1. 为害症状

大豆红蜘蛛为广谱性害虫，属于叶螨科。以成螨和若螨常群集于叶背面结丝成网，吸食叶片汁液，大豆叶片受害初期，叶正面出现黄白色斑点，3d以后斑点面积扩大，斑点加密，叶片开始出现红褐色斑块。随着危害加重，叶片变成锈褐色，似火烧状，严重时叶片卷曲，脱落；高温干旱天气有利于大发生（图5-6）。

2. 防治方法

（1）农业防治。清除田间病残体、杂草等，能有效降低发生程度。利用生物多样性和生态平衡机理，总结完善以虫治虫食物链，培育相克物种。

（2）药剂防治。当红蜘蛛点片发生时，选择药效好、持效期长，并且无药害的药剂。如哒螨灵1 000～2 000倍液或1.8%阿维菌素乳油2 000倍液，每667m^{2}均匀喷洒稀释药液30kg左右，防治效果均较好。

大豆红蜘蛛形态特征

叶片背面被害状

叶片正面被害状

图5–6　大豆红蜘蛛为害症状

七、豆天蛾

1. 为害症状

豆天蛾俗名豆虫，分布广泛，以幼虫危害大豆叶片，造成缺刻或孔洞，轻则吃成网孔，重者将豆株吃成光秆，不能结荚，影响产量。

2. 发生规律

每年发生1～2代，以老熟幼虫在9～12cm在土层越冬，翌年春暖上移化蛹。一般7月下旬至8月下旬为幼虫发生盛期，初孵化幼虫有背光性，白天潜伏叶背，1～2龄危害顶部咬食叶缘成缺刻，一般不迁移，3～4龄食量大增即转株为害，初孵幼虫到3龄前是防治适期，5龄是暴食阶段，约占幼虫期食量的90%。生长期间若雨水协调则有利于豆天蛾发生，大豆植株生长茂密，低洼肥沃的田块，豆天蛾成虫产卵多，为害重（图5-7）。

图5-7　豆天蛾为害症状

3. 防治方法

（1）农业防治。收获后播种前，深耕翻能减少虫源基数；合理间作、轮作可降低该害虫为害程度和虫口密度。设置黑光灯+糖醋液诱杀成虫，可减少豆田的落卵量，减轻为害。

（2）药剂防治。防治豆天蛾幼虫的适期应掌握在3龄前用

4.5%高效氯氰菊酯1 500～2 000倍液，氯虫苯甲酰胺类、25%甲氰菊酯乳油1 000倍液，每667m²用稀释药液20～30kg均匀喷雾。

八、大豆造桥虫

1. 为害症状

大豆造桥虫种类较多，黄淮流域以银纹夜蛾、斜纹夜蛾为多，属间隙暴发为害的杂食性害虫。幼虫危害豆叶为主，也咬食叶柄、嫩尖、花器和幼荚，虫害发生严重时可吃光叶片造成落花落荚，籽粒不饱满，严重影响产量。

2. 发生规律

造桥虫每年可发生多代，尤其以 7 月上中旬到 8 月中旬危害最重。成虫昼伏夜出，趋光性强，喜在生长茂密的豆田内产卵，卵多散产在豆株上部叶背面。幼虫幼龄时仅食叶肉，留下表皮呈窗孔状。3龄幼虫咬食上部嫩叶成孔洞，多在夜间危害（图5-8）。

成虫

幼虫

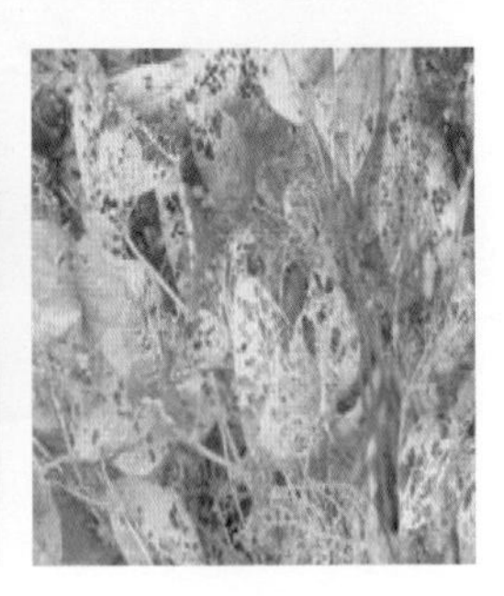
被害症状

图5-8　大豆造桥虫为害症状

3. 防治方法

（1）农业防治。及时深耕、铲除田边杂草，在幼虫入土化蛹高峰期时，结合农事操作进行中耕灭蛹、灌溉等措施，有效降低田间虫口基数。

（2）药剂防治。掌握卵块至3龄幼虫期前喷洒药剂防治，可用5%甲氨基阿维菌素乳油2 000倍液、20%虫酰肼悬浮剂2 000倍液、48%毒死蜱乳油1 000倍液、5%氟啶脲乳油2 000倍液，每667m^{2}喷施药液30kg，均有较好防效，注意交替用药，视虫情轻重连续防治2～3次效果更佳，同时，可兼治其他鳞翅目害虫。

九、豆荚螟

1. 为害症状

豆荚螟为大豆重要害虫之一，各地均有发生，在河南、山东等省为害最重。以幼虫在豆荚内蛀食籽粒，被害籽粒轻则蛀成缺刻，重则蛀空，被害籽粒内充满虫粪，发褐导致霉烂。

2. 发生规律

黄淮流域一年发生5～6代，主要以蛹在表土中越冬，翌年5月底至6月初始见成虫，以2～4代为田间的主要为害代（图5-9）。

3. 防治方法

（1）农业防治。选用抗虫品种或种植转基因品种，能有效减轻虫害。

（2）药剂防治。防治豆荚螟的最佳适期是大豆始花期至盛花期，即豆荚螟的孵化盛期到低龄幼虫期（3龄前），每667m^{2}用5%甲氨基阿维菌素乳油20mL对水30kg喷雾；或用2.5%高效氯氟氰菊酯2 000倍液均匀喷雾，每667m^{2}用稀释液30kg左右。

图5-9　豆荚螟被害症状

十、豆杆蝇

1. 为害症状

豆杆蝇属双翅目、潜蝇科，是分布范围较广的豆科蛀食茎秆害虫，孵化的幼虫经叶脉，叶柄的幼嫩部位钻蛀入分枝、主茎，蛀食髓部及木质部，造成茎秆中空，受害植株叶片发黄脱落，比健株明显矮化。成株期受害，造成花、荚、叶过早脱落，千粒重降低而减产。若防治不及时，豆株受害率可达25%～35%，重发年份受害率可达95%～100%；受害轻的植株矮弱、分枝和荚数少、豆粒小，受害重的整株枯萎、折断，造成严重减产。

2. 发生规律

黄淮流域豆杆蝇一年可发生4代，尤其是2～3代数量大危害重，一代幼虫盛期在6月下旬，二代幼虫盛期在7月下旬至8月初。初花期—盛花期、大豆末花期至初荚期，是危害盛期。9月中旬，危害晚播大豆和绿豆（图5-10）。

成虫

幼虫

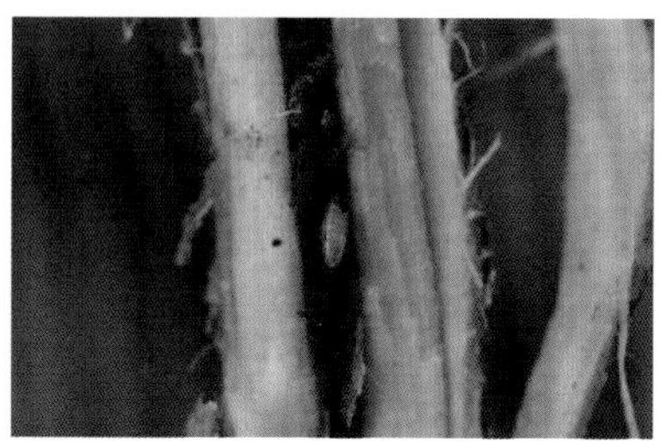

图5-10　豆杆蝇为害症状

3. 防治方法

（1）农业防治。选用抗虫、早熟高产品种，适期早播，提高植株的抗虫性，以减轻受害程度；及时清理田园内的落花、落蕾、和落荚、病残体，以免转移为害。增施腐熟有机肥，适时间苗。

（2）药剂防治。在成虫盛发期和初卵幼虫蛀食前，可采用

10%吡虫啉可湿性粉剂20g/667m^2、5%甲氨基阿维菌素10～15mL对水50kg均匀喷洒，防效较好。在大豆盛花期，防治指标为平均每株有虫1头时施药，可选用90%晶体敌百虫1 000倍液，或2.5%溴氰菊酯乳油1 500～2 000倍液，或氯虫苯甲酰胺1 500～2 000倍液，交替用药，每10d喷洒1次，连喷2～3次防效更佳。

十一、双斑长跗萤叶甲

1. 为害症状

近年来随着大豆免耕种植、秸秆还田、旋耕粗放整地方式的普及，加上全球气候变暖，大豆田双斑长跗萤叶甲发生为害区域和面积逐渐扩大，已经成为北方大豆产区的重要害虫。该虫危害作物叶片、花器，影响大豆授粉结实，一般造成产量损失达15%左右。

2. 发生规律

该虫一年发生1代，以卵在土中越冬。5月开始孵化，自然条件下，孵化率很不整齐。幼虫全部生活在土中，一般靠近根部距土表3～8cm，以杂草根为食，尤喜食禾本科植物根。成虫7月初开始出现，7月上中旬开始增多，一直延续至10月，大豆盛花期是成虫盛发期，为害大豆。先顺叶脉取食叶肉，并逐渐转移到嫩头、嫩尖上为害，影响结实。成虫有群聚危害习性，往往自下而上取食，而邻近植株受害轻或不受害（图5-11）。

3. 防治方法

（1）农业防治。秋耕冬灌，清除田间地边杂草，合理施肥，对双斑长跗萤叶甲为害重的田块应及时补水、补肥，促进大豆的营养生长及生殖生长。

（2）人工防治。该虫有一定的迁飞性，可用捕虫网捕杀，降低虫口基数。

若虫　　成虫

图5-11　大豆双斑长跗萤叶甲被害状

（3）生物防治。合理使用农药，保护利用天敌。双斑长跗萤叶甲的天敌主要有瓢虫、蜘蛛、螳螂等。

（4）化学防治。6月下旬就应防治田边、地头、渠边等寄主植物，7月下旬大豆初花期，百株双斑长跗萤叶甲成虫口300头，或被害株率30%时进行防治。选用25%噻虫嗪水分散粒剂20g/667m^{2}及生物制剂棉铃虫核型多角体病毒30.0g/667m^{2}对水喷雾都具有很好的防治效果，且药剂持效期长，药后7d防效在90%以上，值得在生产上试验推广应用。统一防治双斑长跗萤叶甲效果好，施药时间以早晨9:00之前、下午4:00以后为宜。

第六章 大豆田化学除草技术

第一节　杂草种类与为害

大豆田杂草是指大豆田中非栽培植物，包括田边、地埂传染作物病、虫的中间寄主杂草，对作物正常生长造成严重影响，大豆播种后如果雨水较多，来不及化学除草，短期内将会造成草荒，对产量影响很大，一般减产15%～20%，重则50%，甚至绝收。由于大豆种植区域较广、生产条件不同，所形成的田间小气候各有差异。因此，杂草的种类、生长状况、优势类型也不相同。大豆田主要杂草优势种如下：

杂草优势种马唐、牛筋草、狗尾草、大画眉草、反枝苋、龙葵、苘麻、藜、马齿苋、铁苋菜、菟丝子、莎草、马泡瓜、野绿豆秧。

第二节　杂草识别

1. 马唐

马唐属禾本科一年生草本。幼苗暗绿色，成株秆丛生，基部倾斜或横卧，着土后节易生根，上部茎直立，株高40～100cm。种子繁殖。一般于5—6月出苗，7—9月抽穗、开花，8—10月结实并成熟。生于大豆田、玉米田、渠边、路边、果园、林地、荒地等（图6-1）。

图6-1　马唐幼苗、成熟期形态特征

2. 牛筋草

牛筋草属于禾本科一年生草本。幼苗淡绿色，铺散成盘状，根系极发达。成株期茎秆扁，自基部分枝，秆丛生，基部倾斜，株高30～110cm。种子繁殖，一般于4—5月出苗，花果期6—9月。生于大豆田、玉米田、渠边、路边、荒地等（图6–2）。

图6–2　牛筋草形态特征

3. 大画眉草

大画眉草属一年禾本科生草本。幼苗细弱，基部稍扁，茎秆丛生，或斜上升，高20～60cm。颖果长圆形，长约0.8mm，种子繁殖，5—6月出苗，花、果期8—11月。生于大豆及秋季各作物田，渠边、路边、荒地等（图6-3）。

图6-3　大画眉草形态特征

4. 狗尾草

狗尾草属禾本科一年生草本。根为须状，高大植株具支持根，株高40～60cm，叶片条状披针形，长5～20cm。秆直立或基部膝曲，圆锥花序紧密呈圆柱状或基部稍疏离，颖果灰白色，种子繁殖，4月中旬至5月出苗，花果期5—10月。生于大豆及秋季各作物田，渠边、路边、果园、荒地等（图6-4）。

图6-4　狗尾草形态特征

5. 狗牙根

狗牙根属禾本科低矮根茎类草本植物，秆细而坚韧，下部匍匐地面蔓延生长，节上常生不定根，高可达30cm。穗状花序，小穗灰绿色或带紫色，种子或根茎繁殖。4—5月出苗，5—10月开花结果。生于大豆及秋季各作物田，路边、渠边、河边、果园、荒地等（图6-5）。

图6-5　狗牙根形态特征

6. 莎草

莎草又名香附子，为莎草科多年生草本。多生长在潮湿处或沼泽地，匍匐根茎细长，具椭圆形或纺锤形块茎，有香味。株高20～60cm，种子或根茎繁殖。5—6月苗期，花果期7—9月。生于大豆、花生、玉米等秋田，果园、菜地、稻田及路旁渠沿及水边湿地（图6-6）。

图6-6　莎草形态特征

7. 反枝苋

反枝苋是苋科一年生草本植物。高可达1m多，茎粗壮直立，淡绿色，叶片菱状卵形或椭圆状卵形，顶端锐尖或尖凹，基部楔形，两面及边缘有柔毛，下面毛较密；叶柄淡绿色，有柔毛。圆锥花序顶生及腋生，直立，顶生花穗较侧生者长；种子繁殖。4—5月出苗，7—8月开花，8—9月结果。生于大豆及秋季各作物田，路边、渠边、河边、果园、荒地等（图6-7）。

图6-7　反枝苋形态特征

8. 马齿苋

马齿苋是马齿苋科一年生草本，全株无毛。茎平卧，伏地铺散。叶互生，叶片扁平，肥厚，似马齿状，叶柄粗短，花无梗，蒴果卵球形；种子细小，偏斜球形，黑褐色，有光泽。种子或根茎繁殖，花期5—8月，果期6—9月。生于大豆及秋季作物田，路边、渠边、果园等（图6-8）。

图6-8　马齿苋形态特征

9. 铁苋菜

铁苋菜是大戟科一年生草本，高20～50cm。小枝细长，叶膜质，长卵形、近菱状卵形或阔披针形，长3～9cm，宽1～5cm。蒴果直径4mm，具3个分果，具疏生毛和毛基变厚的小瘤体，种子近卵状。种子繁殖，4—6月出苗，花果期7—9月，生于大豆及秋季作物田，路边、果园等（图6-9）。

图6-9　铁苋菜形态特征

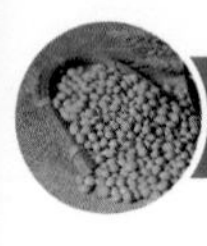

10. 鬼针草

鬼针草是菊科一年生草本。茎直立，上部多分枝，高20～70cm。头状花序，瘦果黑色，条形，略扁，具棱，上部具稀疏瘤状突起及刚毛，顶端芒刺3～4枚，具倒刺毛。种子（瘦果）繁殖，3—4月出苗，花果期5—8月。生于田边，村旁、路边及荒地中（图6-10）。

图6-10 鬼针草形态特征

11. 苍耳

苍耳属菊科、一年生草本植物，高可达100cm。雄性的头状花序球形；雌性的头状花序椭圆形，瘦果倒卵形，表面疏生倒钩刺。种子（瘦果）繁殖，4—6月出苗，7—8月开花，9—10月结果。生于大豆田、果园、麦田、玉米等秋作物田和路旁、沟岸等处（图6-11）。

图6-11　苍耳形态特征

12. 马泡瓜

马泡瓜别名马宝、小野瓜、小马泡，马泡瓜为一年生的草本植物。蔓蔓生，蔓上每节有一根卷须。叶有柄，呈楔形或心脏形，叶面较粗糙，有刺毛。种子繁殖，大豆播种后20～30d出苗，7—8月开花，花黄色。瓜有大有小，最大的像鹅蛋，最小的像纽扣。瓜味有香有甜，有酸有苦，瓜皮颜色有青的，花的，白有带

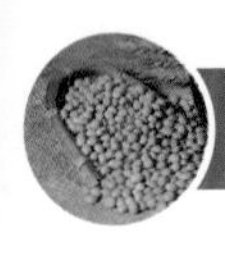

青条的。种子淡黄色，扁平，长椭圆形，表面光滑，种仁白色。生于大豆、花生、玉米田及果园等地（图6-12）。

图6-12　马泡瓜形态特征

13. 龙葵

龙葵是茄科一年生直立草本植物，株高25～100cm，茎无棱或棱不明显，绿色或紫色，近无毛或被微柔毛。叶卵形，先端短尖，基部楔形至阔楔形而下延至叶柄，全缘或每边具不规则的波状粗齿。浆果球形，熟时黑色，近卵形，种子繁殖。荒地、果园4月下旬至5月初发生，秋田6—7月屡见幼苗，花果期6—10月。广布于各地，生于大豆、玉米、花生、等多种秋作物田及果园、菜地和荒地（图6-13）。

图6-13　龙葵形态特征

14. 醴肠

醴肠又称旱莲草、金陵草、莲子草，为菊科一年湿生草本。株高15～60cm。茎直立或匍匐，自基部或上部分枝，绿色或红褐色，被伏毛，茎、叶折断后有墨水样汁液。花序头状，腋生或顶生；筒状花的瘦果三棱形，表面都有瘤状突起，无冠毛。种子繁殖，5—6月出苗，7—10月开花、结果，8月果实渐次成熟。鳢肠喜湿耐旱，抗盐耐瘠和耐阴。生于低湿地大豆、玉米及水稻、水边、渠埂等地（图6-14）。

图6-14　鳢肠形态特征

15. 苘麻

苘麻又称青麻、白麻，属于锦葵科一年生亚灌木草本，茎枝被柔毛，株高100～240cm。叶圆心形，边缘具细圆锯齿，两面均密被星状柔毛，叶柄被星状细柔毛，托叶早落。花黄色，花瓣倒卵形。蒴果半球形，种子肾形，褐色，被星状柔毛。种子繁殖，5—6月苗期，花期7—8月。常见于大豆田、路旁、荒地和秋作物田间（图6-15）。

图6-15　苘麻形态特征

16. 藜

藜属一年生小草本，株高10～35cm。茎自基部分枝；分枝平卧或上升，有绿色或紫红色条纹。叶矩圆状卵形至披针形，上部叶片深绿色，下部灰白色或淡紫色，密生粉粒。花序穗状或复穗状，顶生或腋生。果园、麦田3月出苗，秋田5—8月屡见幼苗，6月果实渐次成熟。种子繁殖，生于大豆、玉米、花生、红薯等秋田和果园、麦田等地（图6-16）。

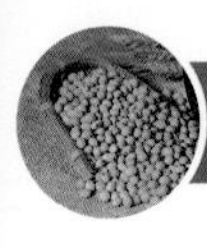

图6-16　藜形态特征

17. 车前草

车前草又称车前、车前子，是车前科多年生草本。幼苗绿色，直根长，具多数侧根，根茎短。叶基生呈莲座状，平卧、斜展或直立；叶片纸质，椭圆形、椭圆状披针形或卵状披针形，叶柄基部扩大成鞘状。花序梗有纵条纹，疏生白色短柔毛；穗状花序细圆柱状。种子繁殖，春秋均有幼苗发生，花期5—8月，果期

7—9月。生于低湿地边、渠岸、河沿、路旁和大豆、玉米、果园及麦田等地（图6-17）。

图6-17　车前草形态特征

18. 菟丝子

菟丝子又称豆阎王，豆丝子是旋花科一年生寄生草本。茎缠绕，黄褐色，纤细，直径约1mm，多分枝，随处可生出寄生根，伸入寄主体内。叶稀少，鳞片状，三角状卵形。蒴果近球形，稍扁，直径约3mm，种子2～4颗，黄或黄褐色卵形，长约1.4～1.6mm，表面粗糙。种子繁殖，5—6月出苗，花期7—9月，果期8—10月。主要生于大豆、玉米田、豆科草坪田等地（图6-18）。

图6-18　菟丝子种子与为害状

19. 田旋花

田旋花为田旋科，多年生草质藤本根蘖杂草，近无毛。茎平卧或缠绕，长1～3m，根状茎横走于50～60cm的土壤中。叶片戟形或箭形，长2.5～6cm，宽1～3.5cm。花1～3朵腋生，花梗细长；花冠漏斗形，粉红色、边缘有不明显的5浅裂。蒴果球形或圆锥状，无毛；种子椭圆形，无毛。种子和根繁殖。10月出苗，冬季地上部死亡，翌年早春萌发出土，4—5月返青，花期5—8月，果期7—9月。生长于大豆田内外、荒地、草地、村边、路旁、沟边等地（图6-19）。

图6-19　田旋花形态特征

第三节　化学除草技术

一、播后苗前化学除草

1. 防除禾本科杂草和常见阔叶杂草

最常用的除草剂有：广灭灵、普施特，这2种对禾本科杂草和一些阔叶杂草都能防除，残效期长，主要用于东北地区；乙草胺、都尔，主要防除禾本科杂草，还必须与防除阔叶杂草的速收（丙炔氟草胺）或乙氧氟草醚混用才有理想效果。大豆播后苗前化学除草的主要配方是：每667m²用48%广灭灵乳油70mL+50%乙草胺乳油100mL+速收（丙炔氟草胺）3～5g或乙氧氟草醚乳油10～20mL，对水30～50kg均匀喷施土表。草相复杂的大豆田可以选用50%乙草胺乳油-150～200mL/667m²+24%乙氧氟草醚乳油10～20mL/667m²，或72%异丙草胺乳油150mL/667m²+速收（丙炔氟草胺）3～5g或乙氧氟草醚乳油10～20mL/667m²，分别对水30～50kg喷雾豆田土表。

2. 防除禾本科杂草

用50%乙草胺乳油100～150mL/667m²，或72%异丙甲草胺乳油150～200mL/667m²，或33%二甲戊乐灵乳油150～200mL/667m²，分别对水30～50kg喷雾豆田土表。

二、苗后茎叶处理

对于前期未能封闭除草的豆田，应在杂草基本出齐且杂草2～3叶期时、大豆2～3片复叶期施药较好，一般用10%精喹禾灵乳油30～50mL/667m²+250g/L氟磺胺草醚水剂50～80mL/667m²，或者10.8%高效氟吡甲禾灵乳油30～40mL/667m²+25%三氟羧草醚水剂50mL/667m²，分别对水40kg均匀喷雾。一般应在早晚气温低、风速小、湿度大时进行。需避开干燥、高温的中午施药，施药后如2-3小时遇大的降雨，要及时补喷。

三、豆田几种顽固性杂草防除技术

大豆苗期以香附子、野绿豆、马齿苋、龙葵、铁苋菜、田旋花、马泡瓜等恶性杂草为主时，应选用10%乙羧氟草醚乳油10～30mL/667m²+48%异恶草酮乳油50mL/667m²，或48%苯达松水剂150mL/667m²，或者25%三氟羧草醚水剂50mL/667m²，或者

25%氟磺胺草醚水剂50mL/667m^2，任选一个配方组合，与84%氯酯磺草胺3～5g/667m^{2}混用，分别对水30kg均匀喷洒于大豆田行间杂草上。

对香附子的防除方法，应在杂草3～4叶期，每667m^{2}用84%氯酯磺草胺3～5g+25%氟磺胺草醚水剂50～70mL，对水30～45kg喷雾。也可在大豆播种后出苗前每667m^{2}使用70%嗪草酮（赛克）40～50g对水30～45kg喷洒，土壤有机质低于2%的沙土地不能使用嗪草酮。

对顽固性难治杂草鸭跖草、刺儿菜、苣荬菜等的防除，可以选用的除草剂配方为：每667m^{2}用48%异噁草松50～70mL+25%氟磺胺草醚50～70mL，或48%异噁草松50～70mL+48%灭草松100mL。应在杂草3～5叶期（大豆真叶至第一复叶期）喷洒，鸭跖草一定要在3叶期前喷洒。稀释液中加入青皮桔油（如克欧森、农药导航等）可以提高防效。喷药需用性能良好的喷雾器械，并使用狭缝式喷头，做到喷洒均匀。对于刺儿菜、苣荬菜等多年生杂草多发的田块，最好在播种前深耕翻，将多年生杂草的地下茎翻入耕作层的下部，以减少出土数量，抑制杂草的发生。

对菟丝子的防除。菟丝子是一种寄生性杂草，叶片退化，以茎缠绕在大豆的植株上，产生吸盘吸取营养，导致大豆植株发黄少结荚或不结荚。菟丝子的化除可在整地后进行，使用48%仲丁灵（地乐胺）3 750～4 500mL/hm^{2}对水300～450kg/hm^{2}均匀喷雾，然后浅混土3～5cm，再整地筑畦播种大豆。在大豆生长期间菟丝子为害初期的防治方法：在田间进行普查，发现菟丝子的发病中心后插上标记后用1：400倍的30%草甘膦稀释液对发病中心进行喷洒控制。由于大豆植株和菟丝子对草甘膦的耐药性不同，药后4d菟丝子开始萎蔫，药后15d大量死亡。而大豆植株仅叶片黄化，以后能复绿，保产率达70%左右，对菟丝子的防效在80%以上。由于菟丝子在田间不断发生，所以，要间隔15d左右再复查防治1次。

四、注意事项

1. 科学选择大豆田除草剂

一要结合当地杂草类型、种植结构、前后茬作物种类等要素综合考虑，原则上应选择杀草谱宽、持效期适中（1.5～3个月）、对作物安全，不影响后茬作物生长发育和品质、产量的除草剂。以苗前或播后苗前土壤处理为主、苗后处理为辅，尽量采用苗前施药和混土施药法。

二要对人、对畜、对作物安全、不易产生药害、不破坏或不污染生态环境这是第一位的。三要对杂草的防效要好，在防效好的条件下，尽可能选择价格适中的品种，各地要根据大豆田杂草生长的种类、特点，因地制宜地确定对路除草剂品种。

2. 除草剂施药方法正确

无论在大豆出苗早期还是晚期，均可采用行间施药方式较为安全，全田喷雾除阔叶杂草的氟磺胺草醚、三氟羧草醚，对大豆嫩叶、嫩头有灼烧现象，但施药后一周大豆即可恢复正常生长。因此，喷施除草剂时要重点喷雾到杂草上，尽量减少喷洒到大豆植株上的药液，喷施除草剂时要注意喷布均匀，以减少局部因药量过大而发生药害。另外，喷施除草剂药液时还应视草情、土壤墒情、天气状况确定用药量，一般草龄大、墒情差、高温干旱，可适当加大用药量及喷液量，反之，适当减少用药量。大豆苗前施药，喷液量尽可能大些，有利于地表湿润，提高封闭除草效果，人工背负式喷雾器每667m^{2}喷施稀释液不宜少于30kg，拖拉机喷雾机也不宜少于45kg。人工施药应选择扇形喷嘴，顺垄喷，保持行走速度一致，不要忽高忽低，要保证喷洒均匀。

3. 施药时期

如播后苗前除草，因为大豆出苗时间较快，一般播后3～5d就会出苗，特别是夏播大豆，播后苗前施药具体时间要求最好在播种后的2d内施药结束。

4. 残留药害

施用普施特要注意防止对后茬作物的残留药害，第二年和第三年只能种豆科作物，不能种植甜菜、瓜类。

第四节　大豆田化学除草药害症状与补救

大豆田由于除草剂使用时间过晚，用量过大，致使部分大豆田发生除草剂药害，其主要症状为：叶片皱缩而扭曲，叶片上有灼烧状病斑，严重的生长点坏死。主要表现为作物生长发育受阻，抑制作物生长，产量品质下降，产品风味变劣等。采取的主要防治措施如下。

解除除草剂对作物的抑制作用可使用促进型植物生长调节剂，如芸苔素内酯、赤霉素、生长素等，不能用抑制型的植物生长调节剂，如多效唑、烯效唑等。植物生长调节剂中的内源激素与作物有亲和性，使用过量，作物吸收后能自身调节，对作物安全，壮苗增产效果显著。

1. 及时浇水、追肥

发现大豆发生除草剂中毒症状要及时浇水、追肥。并适时中耕，中耕深度15～20cm，提高土壤通透性。第一次中耕后7～10d进行第二次中耕，耕深10～12cm。有利于提高土壤湿度，减轻药害，促进作物生长发育。

2. 缓解药害

用益微增产菌15～20mL/667m^{2}喷雾，或用0.01%芸苔素内酯10mL/667m^2，对水喷雾。

3. 喷施叶面肥

大豆初花期，喷施1%～2%尿素溶液加0.3%磷酸二氢钾溶液等，或用有机液肥、腐殖酸液肥对水喷雾。